全新电视墙
设计集市

《全新电视墙设计集市》编写组/编

U0363856

简约电视墙

化学工业出版社
·北京·

参加编写人员

许海峰	何义玲	何志荣	廖四清	刘 琳	刘秋实
刘 燕	吕冬英	吕荣娇	吕 源	史樊兵	史樊英
郇春园	张 淼	张海龙	张金平	张 明	张莹莹
王凤波	高 巍	葛晓迎	郭菁菁	郭 胜	姚娇平

图书在版编目(CIP)数据

全新电视墙设计集市. 简约电视墙 / 《全新电视墙
设计集市》编写组编. — 北京 : 化学工业出版社,
2015.12
　ISBN 978-7-122-25557-0

　Ⅰ. ①全… Ⅱ. ①全… Ⅲ. ①住宅－装饰墙－室内装
饰设计－图集 Ⅳ. ①TU241-64

中国版本图书馆CIP数据核字(2015)第258283号

责任编辑：王 斌　邹 宁　　　　　　　　装帧设计：锐扬图书

出版发行：化学工业出版社(北京市东城区青年湖南街13号　邮政编码100011)
印　　装：北京画中画印刷有限公司
889mm×1194mm　　1/16　　印张 7　　2016年 1 月北京第 1 版第 1 次印刷

购书咨询：010-64518888 (传真：010-64519686)　　售后服务：010-64518899
网　　址：http://www.cip.com.cn

定　　价：39.80元

Contents
目录

美家空间 HOME IDEA =珍藏版= 分享更新鲜的家装资讯

最新客厅风格佳作

清新
定价：49.00元

典雅
定价：49.00元

时尚
定价：49.00元

家装风格设计一本通

现代
定价：39.80元

中式
定价：39.80元

欧式
定价：39.80元

混搭
定价：39.80元

借鉴更美的客厅设计

紧凑型客厅
定价：39.80元

舒适型客厅
定价：39.80元

奢华型客厅
定价：39.80元

客厅顶棚
定价：39.80元

客厅电视墙
定价：39.80元

全新电视墙设计集市

中式电视墙
定价：39.80元

现代电视墙
定价：39.80元

混搭电视墙
定价：39.80元

简约电视墙
定价：39.80元

欧式电视墙
定价：39.80元

客厅电视墙设计的原则

1. 电视墙设计上不能凌乱、复杂，以简洁、明快为佳。墙面是人们视线经常留驻之处，是进门后视线的焦点，就像一个人的脸一样，略施粉黛，便可令人耳目一新。现在的主题墙越来越简单，以简约风格为时尚。

2. 色彩运用要合理。从色彩的心理作用来分析，色彩的作用可以使房间看起来宽敞或狭窄，给人以"凸出"或"凹进"的印象，可以使房间变得活跃，也可以使房间感觉宁静。

3. 电视墙的设计要注意与家居整体的搭配，需要和其他陈设配合与映衬，还要考虑其位置的安排及灯光效果。

有色乳胶漆

皮纹砖

白枫木饰面板

有色乳胶漆

米色大理石

白枫木装饰立柱

红樱桃木饰面板

木质踢脚线

爵士白大理石装饰线

装饰灰镜

水曲柳饰面板

肌理壁纸

布艺软包   黑白根大理石

黑镜装饰线

木质搁板

有色乳胶漆　　　　　　雕花烤漆玻璃

马赛克

爵士白大理石

中花白大理石

白枫木装饰线

装饰灰镜

泰柚木饰面板

水曲柳饰面板

艺术墙贴

装饰茶镜

木质搁板

雕花灰镜 艺术壁纸

黑色烤漆玻璃

中花白大理石

装饰灰镜

装饰银镜

黑镜装饰线

装饰茶镜

艺术壁纸

雕花灰镜

白枫木格栅　　　　　　　　雕花银镜　　　　　　　　　　　　　　　手绘墙饰

水曲柳饰面板　　　　　　　　　　　　　　　　　　　　　木纹大理石

石膏板拓缝　　　　　　　　　　　装饰银镜

客厅电视墙设计应该注意的问题

　　首先，用于电视墙的装饰材料很多，有木质、天然石、人造文化石及布料等，但对于电视墙而言，采用什么材料并不重要，最主要的是要考虑造型的美观及对整个空间的影响。

　　其次，客厅电视墙作为整个居室的一部分，自然会抓住大部分人的视线，但是，绝对不能为了单纯地突出个性，让墙面与整体空间产生强烈的冲突。电视墙应与周围的风格融为一体，运用细节化、个性化的处理使其融入整体空间的设计理念中。

　　最后，就电视墙的位置而言，如果居于墙面的中心位置，那么应考虑与电视机的中心相呼应；如果电视墙设计在墙的左、右位置，那么应考虑沙发背景墙是否有必要做类似元素的造型进行呼应，以达到整体、和谐的效果。

黑胡桃木饰面板

条纹壁纸

密度板雕花贴茶镜

石膏板拓缝

雕花烤漆玻璃

黑色烤漆玻璃

石膏板拓缝

木质搁板

艺术壁纸

米色大理石

艺术壁纸   茶色烤漆玻璃

石膏板拓缝

水曲柳饰面板

泰柚木饰面板

条纹壁纸

雕花银镜

木纹大理石

石膏板拓缝

黑色烤漆玻璃

石膏顶角线

密度板雕花贴黑镜

黑色烤漆玻璃

条纹壁纸

装饰灰镜

水曲柳饰面板

密度板拓缝　　　　　　木质踢脚线

木质搁板

中花白大理石

装饰灰镜

木质踢脚线

客厅电视墙的造型设计

电视墙的造型分为对称式、非对称式、复杂式和简洁式四种。对称式给人规律、整齐的感觉；非对称式比较灵活，给人个性化很强的感觉；复杂式和简洁式都需要根据具体风格来定，以与整体风格协调一致。

电视墙的造型设计，需要实现点、线、面相结合，与整个环境的风格和色彩相协调，在满足使用功能的同时，也要做到反映装修风格、烘托环境氛围。

艺术墙贴

不锈钢条

木质踢脚线

木纹大理石

白枫木饰面板

木质踢脚线

白色亚光墙砖

爵士白大理石　　　　　黑色烤漆玻璃

密度板拓缝

白枫木装饰线

白枫木饰面板

马赛克

白色人造大理石

水曲柳饰面板

爵士白大理石

黑色烤漆玻璃

白枫木饰面板

白枫木装饰线

米白洞石

装饰硬包

黑色烤漆玻璃

黑镜装饰线

装饰银镜

泰柚木饰面板

实木装饰立柱

泰柚木饰面板

装饰壁布

水曲柳饰面板

爵士白大理石

雕花灰镜　　　　　白色抛光墙砖

木质踢脚线

仿墙砖壁纸

雕花银镜

茶色烤漆玻璃

直纹斑马木饰面板

茶色烤漆玻璃

艺术壁纸

木质搁板

爵士白大理石

石膏板拓缝

密度板造型

艺术壁纸

小户型客厅电视墙的设计

　　小户型客厅的面积有限,因此电视墙的体积不宜过大,颜色以深浅适宜的略灰色为宜。在选材上,不适宜使用太过毛糙或厚重的石材类材料,以免带来压抑感,可以利用镜子装饰局部,带来扩大视野的效果。但要注意镜子的面积不宜过大,否则容易给人造成眼花缭乱的感觉。另外,壁纸类材料往往可以带给小户型空间温馨、多变的视觉效果,深受人们的喜爱。

银镜装饰线

石膏板拓缝

车边黑镜

雕花烤漆玻璃

黑色烤漆玻璃

石膏板拓缝

黑色烤漆玻璃   雕花银镜

艺术壁纸

皮纹砖

条纹壁纸

马赛克

白枫木饰面板

白枫木装饰线

木质搁板

爵士白大理石

肌理壁纸

木纹大理石

黑色烤漆玻璃

密度板雕花

伯爵黑大理石

石膏板肌理造型

黑色烤漆玻璃

黑色烤漆玻璃

皮纹砖

马赛克

白枫木窗棂造型贴银镜

黑镜装饰线

石膏板拓缝

马赛克

装饰银镜

装饰灰镜

艺术墙贴

石膏板造型

马赛克

黑胡桃木饰面板

水曲柳饰面板

黑色烤漆玻璃

艺术壁纸

皮纹砖

艺术壁纸

车边银镜

泰柚木饰面板

爵士白大理石

实用型客厅电视墙的设计

　　将墙面做成装饰柜的式样是当下比较流行的装饰手法，它具有收纳功能，可以敞开，也可封闭，但整个装饰柜的体积不宜太大，否则会显得厚重而拥挤。有的年轻人为了突出个性，甚至在装饰柜门上即兴涂鸦，也是一种独特的装饰手法。如果客厅面积不大或者家里杂物很多，收纳功能就不能忽略，即使在家中想要打造一面体现主人风格的电视墙，也要尽量设计成带有一定的收纳功能，这样可以令客厅显得更加整齐。同时，在装修的时候应该注意收纳部分的美观。

条纹壁纸

石膏板拓缝

木质装饰线

装饰银镜

布艺软包

黑镜装饰线

艺术壁纸

条纹壁纸　　　　　　木质踢脚线

石膏板拓缝

艺术壁纸

黑镜装饰线

银镜装饰线

白色亚光墙砖

艺术壁纸

白枫木饰面板

白色亚光墙砖

泰柚木饰面板

茶色烤漆玻璃

条纹壁纸

水曲柳饰面板

水曲柳饰面板　　　　　　　　　　中花白大理石

水曲柳饰面板

黑色烤漆玻璃

白色亚光墙砖

条纹壁纸

石膏板拓缝

不锈钢条

浅灰色抛光墙砖

中花白大理石

车边灰镜

有色乳胶漆

黑色烤漆玻璃

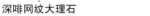

深啡网纹大理石

白枫木装饰线

黑色烤漆玻璃　　　　　白枫木饰面板

原木饰面板

木纹大理石

黑色烤漆玻璃

装饰硬包

水曲柳饰面板

电视墙的照明强度不宜太大

也许你会认为在电视墙上安装灯饰会有超炫的感觉，其实这种想法是错误的。虽然漂亮的电视墙在灯光的照射下会更加吸引人们的眼球，有利于彰显主人的个性。但长时间观看，会造成视觉疲劳，久而久之对健康不利。因为电视机本身拥有的背光已经起到衬托作用，再加上播放节目时也会有光亮产生。可以在电视墙上安装吊顶，并在吊顶上安装照明灯。但吊顶本身除了要与电视墙相呼应外，照明灯的色彩和强度也应该注意，不要使用瓦数过大或色彩太夺目的灯泡，这样在观影时才不会有双眼刺痛或眩晕的感觉。

胡桃木饰面板

密度板拓缝

木质踢脚线

白枫木格栅

白枫木百叶

石膏板拓缝

米黄洞石

密度板雕花贴银镜

黑色烤漆玻璃

车边银镜

石膏板拓缝

黑色烤漆玻璃

马赛克

白枫木饰面板

木质踢脚线

装饰壁布

木质搁板

黑色烤漆玻璃

黑色烤漆玻璃

石膏板拓缝

白色抛光墙砖

有色乳胶漆

黑色烤漆玻璃

灰白洞石

雕花灰镜

银镜装饰线　　　　　中花白大理石

爵士白大理石

水曲柳饰面板

装饰银镜

黑色烤漆玻璃　　　　　　　艺术壁纸

木纹大理石

装饰银镜

肌理壁纸

木质搁板

白枫木装饰线

马赛克

条纹壁纸

手绘墙饰

茶色烤漆玻璃

装饰灰镜　　　　　中花白大理石

电视墙的整体照明设计

　　电视墙的整体光线不宜过强。因为电视本身是一个发光设备，电视墙的灯光亮度过高会让观看电视的人视线受到干扰，时间久了会引起视觉疲劳。鉴于此，建议电视墙的灯光以漫射灯光为主，旨在结合整个室内的装饰风格来烘托气氛。局部可以用射灯点缀，但不宜过多过密。现代住宅设计中常以简洁的灯光装饰电视墙，往往也能取得良好的效果。如仅仅使用一盏或几盏射灯照亮一个局部或一个壁龛，人们的视线很容易被吸引到灯光所照的位置。在设计灯光时还要注意，常选用的光源有筒灯、射灯、节能灯管、斗胆灯等。斗胆灯亮度高、散热大，在安装的时候要注意与易燃材质保持距离。

车边银镜

艺术壁纸

石膏板拓缝

红樱桃木饰面板

米色网纹大理石

灰镜装饰线

有色乳胶漆

米黄大理石

条纹壁纸

木质搁板

条纹壁纸

不锈钢条

米白色大理石

白枫木饰面板

银镜装饰线

云纹大理石

马赛克

米白洞石

密度板雕花贴灰镜

皮革软包

马赛克

艺术墙贴

黑色烤漆玻璃

装饰茶镜

石膏板拓缝

米黄洞石

水曲柳饰面板

黑色烤漆玻璃

密度板拓缝

木质踢脚线

肌理壁纸

白枫木装饰线   条纹壁纸

米黄大理石

艺术墙贴

黑镜装饰线

白枫木饰面板

密度板雕花贴灰镜

有色乳胶漆

白色亚光墙砖

装饰银镜

石膏板拓缝

雕花灰镜

电视墙的局部照明设计

局部照明在现在的家庭中很实用，因为电视墙的局部照明不但可以营造浪漫、温馨的气氛，还可以充分发挥出照明的美化作用，还可以保护视力。暖色调的灯光和墙面的颜色相配合，或者顶棚采用白色，再用暖色光源来配合做出"轮廓"效果，能使电视墙更具有层次感，而且在具体使用时还可以根据需要选择开关部分灯光。

黑镜装饰线

木质踢脚线

米黄大理石

肌理壁纸

车边银镜

石膏板造型

木纹大理石　　　　　　　　　车边灰镜

爵士白大理石

石膏板拓缝

艺术壁纸

马赛克

石膏板拓缝

胡桃木饰面板

石膏板拓缝

黑色烤漆玻璃　　　　　　　　　　　白枫木装饰线

白枫木装饰线

艺术壁纸

马赛克

艺术壁纸

水曲柳饰面板

马赛克

肌理壁纸

艺术壁纸

密度板造型隔断

白色抛光墙砖

肌理壁纸

中花白大理石

银镜装饰线

抛光墙砖   装饰灰镜

雕花银镜

灰白洞石

石膏板拓缝

黑色烤漆玻璃

米黄大理石

布艺软包

文化砖

艺术壁纸

装饰茶镜

白枫木装饰线

电视墙的壁纸施工

壁纸的施工，最关键的是对防霉和伸缩性的技术处理。

1. 防霉的处理。壁纸铺贴前，需要先把基面处理好，可以用双飞粉加熟胶粉进行批烫整平。待其干透后，再刷上一两遍清漆，然后再行铺贴。

2. 伸缩性的处理。壁纸的伸缩性是一个老大难问题，要从预防着手，一定要预留0.5毫米的重叠层。有的人片面追求美观而把这个重叠层取消，这是不妥的。此外，应尽量选购一些伸缩性较好的壁纸。

装饰灰镜

艺术墙砖

木质搁板

艺术壁纸

石膏板拓缝

车边银镜

白枫木装饰线　　　　　　　　　艺术壁纸

木纹大理石

布艺软包

雕花银镜

白色人造大理石

中花白大理石

白桦木饰面板

黑色烤漆玻璃

有色乳胶漆

木质装饰线密排

密度板雕花贴茶镜

马赛克

黑色烤漆玻璃

装饰银镜

密度板雕花

马赛克

白枫木饰面板

木质搁板

茶色烤漆玻璃

中花白大理石

石膏板拓缝

马赛克

文化石

白枫木装饰线

云纹大理石　　　　　　　　　　黑色烤漆玻璃

条纹壁纸

皮纹砖

装饰灰镜

黑色烤漆玻璃

有色乳胶漆

有色乳胶漆

黑色烤漆玻璃

白枫木饰面板

白枫木饰面板

白枫木饰面板

壁纸铺贴的质量检验

1. 壁纸粘贴牢固，表面色泽一致，不得有气泡、空鼓、裂缝、翘边、褶皱和斑污，表面无胶痕。

2. 表面平整，无波纹起伏，壁纸与挂镜线、饰面板和踢脚线紧接，不得有缝隙。

3. 各幅拼接要横平竖直，拼接处花纹、图案吻合，不离缝、不搭接，距墙面1.5米处正视，无明显拼缝。

4. 阴阳转角垂直，棱角分明，阴角处搭接顺光，阳角处无接缝，壁纸边缘平直整齐，不得有纸毛、飞刺，不得有漏贴和脱层等缺陷。

银镜装饰线

条纹壁纸

黑胡桃木饰面板

条纹壁纸

不锈钢条

大理石踢脚线

肌理壁纸

艺术壁纸

米色大理石

装饰灰镜   石膏板拓缝

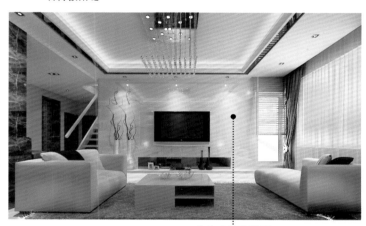

石膏板拓缝   白色人造大理石

车边银镜   黑色烤漆玻璃

装饰灰镜

石膏板拓缝

艺术壁纸

爵士白大理石

石膏板拓缝

伯爵黑大理石装饰线

黑镜装饰线

雕花烤漆玻璃

爵士白大理石

白色波浪板

装饰银镜

艺术壁纸

石膏板拓缝

艺术壁纸

艺术壁纸

装饰灰镜

白枫木饰面板

黑镜装饰线

艺术墙砖

黑镜装饰线

雕花灰镜

黑镜装饰线

车边银镜

密度板造型贴银镜

米黄色大理石

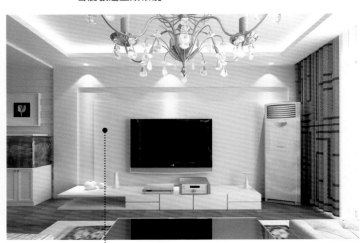

有色乳胶漆

米黄洞石

雕花烤漆玻璃

艺术壁纸

壁纸起皱的处理

　　起皱是最影响裱贴效果的, 其原因除壁纸质量不好外, 主要是由于出现褶皱时没有顺平就赶压刮平所致。施工中要用手将壁纸舒展平整后才可赶压, 出现褶皱时, 必须将壁纸轻轻揭起, 再慢慢推平, 待褶皱消失后再赶压平整。如出现死褶, 壁纸未干时可揭起重贴, 如已干则撕下壁纸, 基层处理后重新裱贴。

直纹斑马木饰面板

雕花烤漆玻璃

泰柚木饰面板

黑色烤漆玻璃

中花白大理石

艺术壁纸

中花白大理石

中花白大理石

艺术壁纸

密度板拓缝

密度板雕花

马赛克

木质搁板

米黄大理石

艺术壁纸

黑色烤漆玻璃

云纹大理石

装饰茶镜

密度板雕花

泰柚木饰面板

木纹大理石

黑胡桃木饰面板

白枫木装饰线

不锈钢条

条纹壁纸

雕花银镜

密度板雕花

肌理壁纸

雕花烤漆玻璃   米色亚光墙砖

装饰银镜 浅灰色抛光墙砖

木纹大理石

白枫木格栅

石膏板拓缝

艺术壁纸

装饰灰镜

皮纹砖

条纹壁纸

手绘墙饰

黑白根大理石

白枫木饰面板

水曲柳饰面板

壁纸气泡的处理

壁纸出现气泡的主要原因是胶液涂刷不均匀，裱贴时未赶出气泡。施工时为防止漏刷胶液，可在刷胶后用刮板刮一遍，以保证刷胶均匀。如施工中发现气泡，可用小刀割开壁纸，放出空气后，再涂刷胶液刮平，也可用注射器抽出空气，注入胶液后压平，这样可保证壁纸贴得平整。

艺术壁纸

黑色烤漆玻璃

木质踢脚线

艺术壁纸

云纹大理石

黑色烤漆玻璃

装饰银镜

有色乳胶漆

装饰茶镜　　　　　　　　　　肌理壁纸

米色抛光墙砖

灰镜装饰线

装饰银镜

艺术墙贴

密度板雕花贴银镜　　　　　　手绘墙饰

装饰灰镜

石膏板肌理造型

泰柚木饰面板

中花白大理石

石膏板拓缝

茶镜装饰线

装饰银镜

米色网纹大理石

艺术墙贴

黑镜装饰线　　　　　米黄洞石

黑镜装饰线

木质格栅

黑胡桃木饰面板

茶色烤漆玻璃　　　　　中花白大理石

艺术壁纸

米黄洞石

皮纹砖

黑色烤漆玻璃

木质搁板

水曲柳饰面板

密度板造型贴银镜

皮革软包

桦木饰面板

深啡网纹大理石

石膏板拓缝

黑色烤漆玻璃

壁纸离缝或亏纸的处理

造成壁纸离缝或亏纸的主要原因是裁纸尺寸测量不准、铺贴不垂直。在施工中应反复核实墙面的实际尺寸，裁割时要留10～30毫米的余量。赶压胶液时，必须由拼缝处横向向外赶压，不得斜向或由两侧向中间赶压。每贴2～3张壁纸后，就应用吊锤在接缝处检查垂直度，及时纠偏。发生轻微离缝或亏纸，可用同色乳胶漆描补或用相同壁纸搭茬贴补。如离缝或亏纸较严重，则应撕掉重裱。

木质踢脚线

白枫木装饰线

雕花银镜

艺术壁纸

茶色烤漆玻璃

黑色烤漆玻璃

爵士白大理石　　　　　　　　　　　　马赛克

石膏板拓缝

艺术壁纸

木质搁板

车边银镜

条纹壁纸

马赛克

装饰茶镜

肌理壁纸　　　　　　　　　　白枫木装饰线

石膏板拓缝

艺术壁纸

艺术壁纸

米黄洞石

米色大理石

白枫木装饰线

雕花清玻璃

白色亚光墙砖

艺术墙贴

艺术壁纸

泰柚木饰面板

白枫木装饰线

雕花银镜

中花白大理石　　　　　　　　　　　泰柚木饰面板

条纹壁纸　　　　　　　　　木质搁板

米色网纹大理石

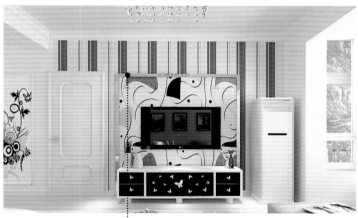

不锈钢条

白色乳胶漆

装饰灰镜

白枫木饰面板

泰柚木饰面板

马赛克

米白洞石

雕花银镜

车边银镜

木纤维壁纸的选购

1. 闻气味。翻开壁纸的样本，特别是新样本，凑近闻其气味，木纤维壁纸散出的是淡淡的木香味，几乎闻不到气味，如有异味则绝不是木纤维。

2. 用火烧。这是最有效的办法。木纤维壁纸在燃烧时没有黑烟，燃烧后的灰烬也是白色的；如果冒黑烟、有臭味，则有可能是PVC材质的壁纸。

3. 做滴水试验。这个方法可以检测其透气性。在壁纸背面滴上几滴水，看是否有水汽透过纸面，如果看不到，则说明这种壁纸不具备透气性能，绝不是木纤维壁纸。

4. 用水浸泡。把一小部分壁纸泡入水中，再用手指刮壁纸表面和背面，看其是否褪色或泡烂，真正的木纤维壁纸特别结实，并且因其染料是从鲜花和亚麻中提炼出来的纯天然成分，不会因为水的浸泡而脱色。

艺术壁纸

石膏板拓缝

茶镜装饰线

黑色烤漆玻璃

石膏板拓缝

米黄洞石

密度板造型隔断

条纹壁纸

文化石

密度板雕花贴黑镜

艺术壁纸

有色乳胶漆

车边灰镜

木纹大理石

黑镜装饰线

黑色烤漆玻璃

密度板拓缝

艺术壁纸

黑色烤漆玻璃

中花白大理石   黑色烤漆玻璃